NOTE HISTORIQUE

SUR

L'ERGOT DE BLÉ.

NOTE HISTORIQUE

SUR

L'ERGOT DE BLÉ

Par J.-M. GRANDCLÉMENT.

Adversus hostem æterna auctoritas esto.
Contre l'ennemi, la revendication est éternelle.
(Loi des douze tables.)

Si j'écrivais exclusivement pour des *hommes*, je donnerais à la discussion qui va suivre une autre forme. Je désire que tout le monde me comprenne, je vais m'efforcer d'écrire pour tout le monde.

A bon entendeur, demi mot.

CLERMONT-FERRAND,
Imprimé chez Auguste Veysset, Libraire,
Rue de la Treille, 14.

Note historique sur l'ergot de blé.

* * *

Lorsqu'en janvier 1855, je publiai ma thèse sur l'ergot de blé, je pouvais croire que ceux qui, dans la suite, étudieraient ce médicament, s'ils avaient connaissance de mon travail, le citeraient sans en altérer la sens, et de façon à me laisser le mérite de ce qui m'appartient. Je comptais tout seul ; aussi je me trompais.

Depuis bientôt dix mois, je revendique sans succès, mon droit de priorité sur des écrits bien postérieurs au mien. Je cherche inutilement à rétablir la vérité qni est altérée et dissimulée dans ces mêmes écrits.

Puisque je ne puis faire entendre ma voix, je vais

exposer moi-même l'état de la question et citer les textes :

En mars 1860, M. Gonot fils a lu dans une séance de la Société médicale de Clermont-F^d un extrait de ma thèse. Certainement, le ton qui règne dans cet écrit est des plus bienveillant pour moi, mais l'auteur ne s'est pas douté qu'en faisant l'extrait d'un ouvrage, il y a des passages qui doivent être cités complétement, si l'on ne veut s'exposer à ne pas rendre exactement la pensée de l'auteur. C'est précisément ce qui est arrivé à M. Gonot.

En parlant de la résistance que l'ergot de blé, oppose à la destruction, il dit : « A l'appui de son assertion le Dr Grandclément cite les expériences faites par M. Gautier-Lacroze, pharmacien.

J'aurais voulu que M. Gonot citât complétement les passages se rapportant à ces expériences.

Les voici :
Page 17 de ma thèse,
Il a placé (M. Gautier), dans son magasin, deux petites caisses, dans l'une était de l'ergot de froment, dans l'autre de l'ergot de seigle ; ces deux ergots étaient de la même année.

. . . .

Au bout d'un an, l'ergot de seigle était presque en totalité vermoulu ; celui de froment était dans le même état qu'au commencement de l'expérience.

(Et page 18.- loco cit). M. Gautier-Lacroze prépare une grande quantité de poudre qu'il vend par paquet, de 100 à 200 grammes. Les accoucheurs et les sages femmes qui font à l'avance une aussi grande provision, ne lui ont jamais dit que le médicament eut manqué son effet. Cela se faisait en 1853.

Après cette citation complète, M. Gonot pouvait rappeler son expérience.

« M. Pourcher aîné, continue l'auteur de l'extrait, a employé l'*ergot* au moins 200 fois. Dans ce nombre, celui du blé y figure pour plus de la moitié des cas ; et jamais, a-t-il dit, jamais l'ergot de blé n'a produit d'accident ni sur la mère, ni sur l'enfant. »

Copions exactement la thèse (p. 18 et 19).

M. Pourcher, l'accoucheur le plus en renom de Clermont-F^d, a employé l'ergot au moins 200 fois; dans ce nombre, celui du blé y figure pour plus de la moitié des cas.

— ◆ —

ACTION PHYNOLOGIQUE.

Je transcris ici la note que ce médecin a eu la complaisance de me communiquer.

L'action commence au bout de 10 à 15 minutes, et ne dure pas plus d'une heure.

Les contractions sont violentes, convulsives, longues, intermittentes, mais rapprochées.

Jamais le médicament n'a manqué de réveiller les contractions; mais quelques fois elles ont été faibles, inefficaces. Pour compléter cette note, je dois ajouter, car je le tiens de source certaine, que :

Jamais entre les mains de cet accoucheur, l'ergot de blé n'a produit d'accidents, ni sur la mère ni sur l'enfant.

Je ne pense pas que M. Gonot ait rendu fidèlement ma pensée.

Tout cela ne signifie qu'une chose, c'est que M. Pourcher employait indifféremment l'un et l'autre ergot, et que dans sa pensée, le petit ergot de seigle (c'est ainsi qu'il appelait l'ergot de blé) produisait les mêmes effets que l'autre, et n'était pas plus dangereux.

Et la preuve que ces deux ergots s'employaient en même temps, ce sont les recherches entreprises par M. Gautier dès l'année 1852 et 1853.

Il y a plus, M. Giraud, pharmacien, expédiait, sans distinction, dès l'année 1843, aux droguistes de Paris, l'un et l'autre ergot. Cela dépendait des quantités qu'il achetait des montagnards pour l'ergot de seigle, ou des femmes chargées de choisir les blés, pour l'ergot de blé.

M. Gonot dit : On aurait là un médicament *bien supérieur*. Le texte porte simplement *supérieur*; ce *bien* est placé là en prévision de l'avenir.

Quant à la supériorité que je lui attribue, je ne cherche pas à quoi elle peut tenir.

Aujourd'hui, je ne lui en connais plus qu'une, c'est celle de se conserver mieux que l'autre.

M. Gonot me fait dire que *j'ai constaté* depuis longtemps qu'on trouve l'ergot de blé dans les pharmacies de Clermont-Ferrand. Je n'ai pu constater cela ; je dis, au contraire, que je ne sais depuis combien de temps les femmes, chargées de choisir les blés, vendent l'ergot aux pharmaciens.

Je ne constate qu'une chose, c'est qu'avant 1853, M. Gautier vendait déjà de la poudre d'ergot de blé par paquet de 100 à 200 grammes, et que c'est en 1853 qu'il a entrepris les *expériences* dont j'ai parlé.

Après M. Gonot vient M. Leperdriel.

La brochure de M. Leperdriel, publiée en mars 1862, est plus volumineuse que la mienne, mais elle n'apporte pas de nouveaux faits sur la question principale.

La rédaction de ce travail, porte l'empreinte de son origine, et elle est faite dans un but facile à voir. Aussi, tout ce qui m'appartient, et c'est le fond de la question, est-il habilement noyé ou dissimulé dans une phrasiologie tout-à-fait inutile.

A la page 39, on lit :

« Notreami, M. Gonot, pharmacien à Clermont-F$_d$, qui s'est occupé d'une manière spéciale de l'ergot de froment et de ses préparations pharmaceutiques, à renouvelé nos essais, et reconnu, comme nous, que l'ergot de froment et la poudre d'ergot, peuvent être conservés plusieurs années sans perdre de leurs propriétés médicales. »

La loyauté ne faisait-elle pas un devoir à M. Leperdriel, de dire que dès l'année 1853, M. Gautier-Lacroze et le Dr Grandclément avaient fait ces expériences.

L'auteur cite mes observations microscopiques, et termine en disant : Nous avons répété ces mêmes expériences, et les trouvant conformes, nous croyons de toute justice d'en laisser le mérite au Dr Grandclément.

Puisque M. Leperdriel dit avoir trouvé les mêmes résultats que le Dr Grandclément, c'est une preuve certaine qu'il n'a pas fait ces recherches. Ceux qui savent manier un microscope auront la même certitude que moi. Mais la rédaction trouvait dans la relation de ces études, deux pages à mettre en plus dans la brochure; un gros livre fait si bien pour un certain public.

Quant aux observations thérapeutiques, je laisse aux hommes sérieux, le soin de les interpréter. Cela fait bien dans certains ouvrages, et pour le but que l'on veut atteindre ; mais la science ne se paie pas de si peu de chose, elle sourit, si elle ne hausse pas les épaules, en détournant les yeux.

Au mois de juillet 1862, la société des sciences industrielles, arts et belles-lettres de Paris, séant à l'Hôtel-de-Ville, sur un rapport du Dr Lunel, se décerna une médaille d'argent, pour le travail de M. Leperdriel.

Voici comment le rapporteur termine son rapport :

M. Leperdriel a eu l'honneur par son ouvrage sur l'ergot de froment d'appeler l'attention des praticiens sur un succédané qui paraît doué de propriétés plus sures, etc. Qu'en sait-il ? Nous vous proposons de décerner une récompense digne du mérite et de la haute utilité de son livre.

Récompense. — Médaille d'Argent.

Que donnerez-vous à celui qui l'a fait connaître en 1855 ? (l'ergot de blé)

Quand j'ai eu connaissance de cette décision, comme je ne connaissais pas *l'esprit* de cette société industrielle, j'écrivis au rédacteur de la *Gazette des Hôpitaux* pour réclamer.

Ce journal se soucie bien d'un modeste médecin de province. Je ne fais pas insérer à beaux deniers comptants, et cela plusieurs fois par semaine, de magnifiques articles sur les propriétés thérapeutiques, de telle ou telle préparation de M. X..., pharmacien-lauréat de la société industrielle.

Ma réclamation ne fut pas écoutée. J'écrivis une

seconde fois pour dire de juger d'après les ouvrages ; je m'adressais à des sourds. Je le comprends maintenant.

Ce n'est pas tout :

Dans l'annuaire pharmaceutique de 1863, par M. Réveil, professeur à l'école de pharmacie et à la faculté de médecine de Paris, on trouve également une réclame magnifique en l'honneur de la brochure de M. Leperdriel.

L'auteur de l'article dit :

« L'ergot de froment *vaguement* signalé à la thérapeutique depuis seulement quelques années, vient se proposer aujourd'hui à l'expérimentation médicale avec des titres assez sérieux, etc., etc.

Je ne sais ce que M. Réveil entend par le mot *vaguement*. Ma thèse n'est vague que pour les ignorants, ou ceux qui ne savent pas lire.

Quand on fait de la science, on doit être sérieux, et peser ses expressions, si on fait de la réclame, je comprends qu'il faut arranger ses phrases de manière à ne pas maquer le but que l'on vise.

Que M. Réveil, s'il aime la vérité, consulte les thèses de la Faculté de médecine de Paris, année 1855, 15 janvier, il verra que le blé ergoté est très-carrément et très-positivement signalé à l'attention des praticiens, voilà pour le professeur de la faculté de médecine.

Pour le professeur à l'école de Pharmacie, qu'il consulte le bulletin de mai du journal de chimie médicale, 1855, il verra que l'ergot de blé n'est pas le moins du monde signalé vaguement.

M. Réveil, professeur à la faculté de médecine de Paris, doit savoir que noblesse oblige. Il n'aurait pas dû faire aussi légèrement l'éloge de la brochure du pharmacien. Il aurait dû, ce me semble, faire comme moi, traiter sérieusement la question, et faire des recherches pour s'assurer si en réalité M. Leperdriel était le premier à signaler l'entrée de l'ergot de blé dans la thérapeutique.

Tous ces dénis de justice me préoccupaient peu. Mais quand j'ai vu que des personnes tout-à-fait étrangères à l'art médical, voulaient se servir de ma découverte pour exploiter cet inépuisable *filon* aurifère, qui à *nom*, *bêtise* et *crédulité* humaine, j'ai cru devoir réclamer.

Lecteur débonnaire! vous pensez peut-être que les journaux scientifiques se sont hâtés de me prêter leur voix pour me faire rendre ce qui m'appartient? Pas le moins du monde; j'ai dû payer, pour faire insérer dans un petit journal hebdomadaire l'article suivant :

« Le 15 janvier 1855, j'ai soutenu devant la Faculté de médecine de Paris une thèse sur l'ergot de blé.

Je croyais avoir établi positivement deux choses, savoir :

1° Que j'étais le premier à signaler au public médical l'entrée de ce médicament dans la thérapeutique.

2° Que personne avant moi n'avait fait les expériences par lesquelles je démontrais l'inaltérabilité de cet ergot.

Lorsque je publiai ma thèse, je n'avais pas encore expérimenté moi-même ce médicament, les médecins qui l'employaient, croyaient se servir de l'ergot de seigle.

Depuis, j'ai recommencé toutes mes recherches; et c'est cette seconde partie de mon travail que je viens faire connaître.

Je commence tout d'abord par déclarer franchement que je n'ai pas été le premier à signaler l'ergot de blé comme jouissant des mêmes propriétés thérapeutiques que l'ergot de seigle.

L'honneur de cette découverte revient jusqu'ici au savant M. Mialhe.

L'article que cet auteur a publié sur la matière dans l'*Union médicale* du 15 juin 1850 se termine par les conclusions suivantes : « Que les propriétés physiologiques et thérapeutiques du blé ergoté, sont parfaitement semblables à celles du seigle ergoté; et partant que ces deux produits sont parfaitement identiques. » En fait de priorité, je ne puis donc revendiquer jusqu'ici que la démonstration de l'inaltérabilité.

Quant aux localités dans lesquelles ce produit se trouve dans les pharmacies, je ne puis toujours indiquer que Clermont-Ferrand, et encore ne s'y trouve-t-il qu'en quantité suffisante pour la consommation locale.

Dans un récent voyage que j'ai fait en Corse et en Italie, je n'ai rencontré dans toutes les officines que j'ai visitées que l'ergot de seigle.

Depuis huit ans, j'ai eu plusieurs occasions d'étudier les propriétés thérapeutiques de l'un et de l'autre ergot, et je déclare comme M. Mialhe qu'elles sont identiques. De plus, j'ajoute qu'il n'y a qu'une bonne préparation, c'est la poudre.

De là je conclus :

1o Que l'ergot de blé se trouve en trop petite quantité pour pouvoir suffire aux besoins thérapeutiques.

2° Que ceux qui voudraient expérimenter ce produit devront se procurer de l'ergot en nature, c'està-dire en grains, attendu que la poudre et l'extrait de l'ergot de seigle ressemblent en tout et pour tout à la poudre et à l'extrait de l'ergot de blé.

3° Que la meilleure préparation, la seule sur laquelle on puisse compter, c'est la poudre, qui ne doit être employée, à moins d'indications pressantes, qu'à de petites doses, 15 à 20 centigrammes toutes les heures.

4° Que l'extrait, ou ce que l'on décore du nom prétentieux d'ergotine, ne m'a jamais donné des résultats aussi positifs que la poudre.

5° Enfin, qu'abstraction faite de son inaltérabilité, l'ergot de blé ne diffère en rien de l'ergot de seigle sous le rapport des vertus thérapeutiques. »

En résumant ces débats, je crois que je puis conclure, ma thèse en main :

1° Que c'est M. Gautier-Lacroze et moi, qui, dès 1853, avons démontré les premiers, que l'ergot de blé se conserve très-longtemps, sans s'altérer, et cela sans prendre de précautions.

2° Que M. Gautier-Lacroze vendait de la poudre d'ergot de blé, longtemps avant que MM. Gonot et Leperdriel songeassent à faire une spéculation de ce produit.

Dr GRANDCLÉMENT.

Professeur d'histoire naturelle et Médecin.